ASSOCIATION FRANÇAISE
pour le Développement des Travaux Publics
Constituée conformément à la loi de 1901

4e CONGRÈS NATIONAL DES TRAVAUX PUBLICS FRANÇAIS
à PARIS, les 18, 19 & 20 Novembre 1912

1re SECTION

LES PORTS MILITAIRES

PAR

M. de LANESSAN

Ancien ministre

SIÈGE SOCIAL
EN L'HOTEL DES INGÉNIEURS CIVILS
19, Rue Blanche, 19

SECRÉTARIAT ADMINISTRATIF
35, Rue Le Peletier, 35
PARIS

ASSOCIATION FRANÇAISE
POUR LE DÉVELOPPEMENT DES TRAVAUX PUBLICS

Constituée conformément à la loi de 1901

Président

M. Ch. Prevet, ancien Sénateur.

Vice-Présidents

M. Baudin, Ancien Ministre des Travaux publics.

M. Groselier, ancien Président du Syndicat professionnel des Entrepreneurs de Travaux Publics de France.

M. Millerand, Ministre de la Guerre, ancien Ministre du Commerce et des Travaux Publics

M. Bertin, membre de l'Académie des Sciences.

Secrétaire général

M. J. Hersent, Entrepreneur de Travaux maritimes.

Secrétaire trésorier

M. E. Bourdonnay, Directeur du *Journal des Travaux publics*.

Secrétaire

M. Gallotti, Ingénieur civil.

Rapporteur général

M. le Lieutenant-Colonel Espitallier.

1re section : **Ports**

M. Maury, Ingénieur civil, Président.

M. Quellenec, Ingénieur en chef des Ponts-et-Chaussées, Vice-Président.

2e section : **Voies navigables**

M. Mallet, Ingénieur civil, Président.

M. Alby, Ingénieur en chef des Ponts-et-Chaussées, Vice-Président.

3e section : **Chemins de Fer et Voies de Communication**

M. Duportal, Président, Inspecteur Général des Ponts et Chaussées en retraite.

M. Barbet, Ingénieur civil, Vice-Président.

4e section : **Utilisation des Eaux et Hygiène**

M. Dumont, ancien Président de la Société des Ingénieurs Civils, Président.

M. Chardon, Ingénieur civil, Vice-Président.

5e section : **Entreprises d'utilité publique**

M. Sibille, Député, Président.

M. le Comte d'Agoult, Vice-Président, ancien Député.

LES PORTS MILITAIRES

Par M. de LANESSAN

Ancien Ministre

PORT DE BIZERTE

Le port de Bizerte est situé dans la large baie en éventail qui s'étend à l'extrémité septentrionale de la côte tunisienne, à l'est du cap Blanc.

En arrière de la baie, s'étend le vaste lac salé de Bizerte; celui-ci est séparé de la mer par une mince zône de terrain sablonneux, à travers laquelle le lac et la mer communiquaient jadis au moyen d'une sorte de chenal étroit, sinueux, sans profondeur et barré par un petit estuaire.

Au moment où la France obtint le protectorat de la Tunisie, il existait, à l'Ouest de cet estuaire, une jetée de faible importance, limitant un petit port où ne pouvaient s'abriter que des barques, et dont l'entrée était souvent encombrée par les sables. Parfois, il n'y avait pas plus de 0 m. 50 d'eau sur la barre.

Les navires étaient obligés de se tenir dans la rade. Or, celle-ci est très largement ouverte au vent du nord-ouest, et peu sûre. Lorsque ce vent est violent, les lames bouleversent le fond jusqu'à sept et huit mètres.

Le lac a une superficie d'environ 150 kilomètres carrés. Sa profondeur varie entre 3 et 5 mètres sur les bords, et 12 à 13 mètres vers le milieu. Aux alentours du lac, se trouvent des hauteurs qui dominent la rade et rendent sa protection facile.

Quant à la situation de Bizerte, elle est, au point de vue stratégique, admirable. Entre le cap Blanc et les côtes de la Sicile ou de la Sardaigne, la distance n'étant pas supérieure à 200 kilomètres, Bizerte domine la route la plus directe de Gibraltar à Alexandrie.

Cette situation et les conditions offertes par le lac inspiraient, en 1888, au vice-amiral Amet, commandant de l'escadre d'évolutions de la Méditerranée, les observations suivantes : « Je suis descendu à terre à Bizerte. J'ai été émerveillé de l'étendue de cette magnifique rade intérieure et des ressources qu'elle offrirait comme port de refuge pour les grands navires. Quant aux avantages de sa situation, ils ressortiraient avec évidence du grand nombre de navires qui ont passé en vue pendant notre séjour de quelques heures devant Bizerte. Le lac réuni à la mer par un canal profond constituerait le plus beau port de la Méditerranée. »

Nous avions le protectorat de la Tunisie depuis 1881, mais des considérations diplomatiques de haute importance empêchaient notre gouvernement d'utiliser Bizerte.

Rien n'avait été fait pour le développer, soit au point de vue commercial, soit au point de vue militaire, lorsque Jules Ferry décida de tourner la difficulté en confiant à une société privée le monopole de la création d'un port de commerce, auquel on pourrait ajouter ultérieurement un port de guerre.

Les travaux de ce port furent exécutés par MM. Couvreux et Hersent, auxquels fut substituée plus tard la Compagnie du port de Bizerte, en vertu d'un contrat entre ces entrepreneurs et le gouvernement français, en date du 11 novembre 1889, sanctionné par décret beylical du 17 novembre 1890.

L'acte de concession du gouvernement tunisien visait « le droit exclusif de construire à côté du port actuel de Bizerte et d'exploiter un port commercial susceptible de recevoir les navires d'un grand tirant d'eau. » En vertu d'un traité secret, le but véritable de l'entreprise devait être l'ouuverture du lac de Bizerte à la flotte de guerre française.

Il résulte de ce que nous avons dit plus haut, que tout était à créer.

Les travaux qui ont été exécutés jusqu'à ce jour comprennent :

1° Un avant-port dont la surface atteint 86 hectares et qui a été dragué à la profondeur de 10 mètres sur une étendue d'environ 40 hectares;

2° Deux jetées limitant cet avant-port : l'une au Nord construite dans le prolongement de la petite jetée de l'ancien port, longue de 1 200 mètres; l'autre à l'est, longue de 90 mètres; toutes les deux construites en enrochement;

3° En avant des jetées, une jetée-abri, longue de 60 mètres, dirigée obliquement du nord-ouest au sud-est, également construite en enrochement. Entre ses extrémités et celles des jetées, des passages de 320 mètres, au nord-ouest, et de 680 mètres, au sud-est, sont ménagés pour le passage des navires;

4° Entre l'avant-port et le lac, il a été creusé un canal long de 2 500 mètres, large de 200 mètres au plafond, profond de 10 mètres, conduisant d'abord dans les petites baies de Sébra, de Ponty et de Séti-Mériem qui sont en avant du lac, et ensuite, en s'élargissant, dans le lac lui-même;

5° Dans le prolongement du canal, il a été creusé, à travers le lac, un chenal de 10 mètres de profondeur jusqu'aux fonds naturels de 10 mètres au plus, et, au-delà de ces fonds, jusqu'à la darse de Sidi-Abdallah;

6° Dans le fond du lac, on a construit l'arsenal de Sidi-Abdallah et une darse, entourée de jetées, ayant 50 hectares de surface. Les navires s'y abritent par mauvais temps. Sur les bords de la darse, on a creusé trois bassins de radoub dont l'un a 90 mètres de longueur et les autres 200 mètres;

7° Dans la baie de Sébra, on est en train d'organiser le port de commerce, de manière à rendre entièrement libre le canal sur les bords duquel se sont faits jusqu'à ce jour les opérations d'embarquement et le débarquement de la navigation commerciale;

8° Dans la baie Ponty (ancienne baie Sans-nom), et dans la baie de Séti-Mériem, qui touche à la première, on a installé la défense mobile, la défense fixe, et divers services de la marine de guerre;

9° On a bâti, sur le front de mer, des batteries qui rendent le port imprenable du côté de la mer;

10° L'arsenal a été mis en relation avec le chemin de fer de Bizerte à Tunis par une voie ferrée de 5 kilomètres de longueur.

Dans l'état où l'ont mis ces travaux, le port militaire de Bizerte peut rendre des services notables à notre flotte de la Méditerranée; mais il est très insuffisant.

La concentration dans la Méditerranée de nos trois escadres et de nos sept plus forts croiseurs cuirassés exige que des améliorations considérables soient introduites dans toutes les parties du port de Bizerte, car Toulon est hors d'état de loger tous ces navires. C'est à peine s'il peut donner un asile sûr à deux escadres cuirassées, à l'escadre légère. La troisième escadre cuirassée devra être placée à Bizerte.

Or, actuellement, ni le port ni l'arsenal de Bizerte ne sont en état d'abriter, de ravitailler, d'entretenir et de réparer une escadre.

Les travaux d'amélioration qu'il est indispensable d'y exécuter le plus tôt possible, sont :

1° L'approfondissement à 12 mètres de l'avant-port, du canal d'accès au lac et du chenal qui traverse le lac pour aboutir à la darse de Sidi-Abdallah;

2° L'élargissement du canal, dont les 200 mètres au plafond sont insuffisants pour les super-dreadnoughts;

3° L'organisation des ateliers et magasins de l'arsenal de Sidi-Abdallah, en vue de l'entretien, des réparations, du ravitaillement, etc., etc., d'une escadre, et des besoins divers que pourrait avoir l'armée navale de la Méditerranée en temps de guerre, si elle était obligée de se réfugier dans le lac de Bizerte;

4° La construction immédiate des deux bassins de radoub de 250 mètres de long, 40 mètres de large et 12 mètres de profondeur prévus au programme naval 1910-12. D'après les prévisions du programme, l'une de ces formes ne sera terminée qu'en 1918 et l'autre en 1920. Il serait indispensable de pousser ces travaux pour qu'ils fussent achevés beaucoup plus tôt qu'à ces deux dates. Or, le marché pour la première fois n'est pas encore passé.

5° La protection de l'arsenal de Sidi-Abdallah du côté de la terre, de manière à rendre impossible les attaques dont il pourrait être l'objet à la suite d'un débarquement dans la baie de Porto-Farina, qui, elle-même, n'est pas protégée;

6° L'outillage du port de commerce, en vue non seulement des besoins de la navigation commerciale, mais encore des nécessités du ravitaillement de la flotte de guerre.

Il faut que la marine de guerre puisse trouver à Bizerte du charbon en abondance, des vivres, des munitions, etc .. Pour que ces matières puissent être mises à sa disposition sans gros frais: il faut que, la navigation commerciale apportant à Bizerte ces matières, y trouve un frêt de retour. Celui-ci pourrait facilement être représenté par des minerais de fer ou de zinc et des phosphates, si les gisements étaient mis en relations faciles, par voies ferrées, avec notre grand port tunisien.

On a rappelé souvent qu'à l'époque des incidents de Fachoda, en 1898 la place de Bizerte était dépourvue de charbon, de blé, de viande, etc. Il est indispensable de créer des silos pour la conservation des blés, des installations frigorifiques pour la conservation ds viandes, des magasins pour les approvisionnements de munitions, etc...

Il faudrait aussi que l'on organisât à Bizerte la fabrication des poudres et des projectiles dont l'armée et la marine auraient besoin en temps de guerre. C'est une pure illusion de croire que l'on pourra transporter en France, au début d'une guerre, les troupes et le matériel du 19ᵉ corps. Avec l'état de rébellion générale dans lequel se trouve le Maroc, et qui se prolongera sans doute pendant bien des années, avec, d'autre part, l'état moral très défectueux dans lequel se trouvent les indigènes de l'Algérie et de la Tunisie, il est douteux que notre gouvernement se risque à priver notre Afrique du Nord des troupes européennes du 19ᵉ corps.

Au lieu de songer au transfert de ce corps en France, il serait bon de se préoccuper de créer sur place tout ce dont il pourrait avoir besoin en temps de guerre, notamment les poudres et les munitions. Et c'est, sans contredit, à Bizerte que les usines et ateliers de cette nature devraient être créés.

Il est de toute évidence que plus nous accroissons l'importance de notre armée navale méditerranéenne, et plus s'étendent nos possessions de l'Afrique du Nord, plus il est nécessaire que nous songions à créer, en Afrique même, tout l'outillage nécessaire à notre armée africaine, et à nos forces navales méditerranéennes.

Quelle que soit la force de ces dernières, il est prudent de prévoir l'impossibilité où elles pourraient se trouver de maintenir les communications, en temps de guerre, entre la métropole et l'Afrique. Cette prévision exige que Bizerte soit organisé en port militaire et en place de guerre de premier ordre, car c'est, sans contredit, sur lui que se porteront tous les efforts de l'ennemi.

Dans l'état où il se trouve actuellement, il ne pourrait ni résister à cet effort, car il n'est pas protégé du côté de la terre, ni fournir aux troupes africaines ce dont elles auraient besoin en temps de guerre, si elles étaient isolées de la Métropole, ni assurer à l'armée navale méditerranéenne, même en temps de paix, les moyens de ravitaillement et de réparations qui lui sont nécessaires.

PORT DE TOULON

Dans l'état où il se trouve actuellement, le port de Toulon ne peut que difficilement *abriter* les deux premières escadres cuirassées et l'escadre légère avec les contre-torpilleurs, torpilleurs et sous-marins attachés à ces escadres ou à la défense mobile. La troisième escadre qui vient d'être transférée dans la Méditerranée ne trouverait pas à s'y loger.

D'autre part, les cuirassés de ligne de 23 500 tonnes de déplacement, en construction aujourd'hui dans nos arsenaux et nos chantiers privés ne pourraient se mouvoir dans la rade en raison de l'insuffisance des fonds.

Le travail le plus urgent à exécuter dans le port de Toulon, consiste donc dans le curage et *l'approfondissement* de la rade. Il faudra qu'on y crée des fonds d'au moins 22 mètres. Le programme naval voté en 1912 prévoit pour l'exécution de ces travaux un crédit total de 2 385 000 francs à dépenser avant la fin de 1913. Nous ignorons s'il sera suffisant.

A cette époque, nous devons avoir en service le *Jean-Bart* et le *Courbet*, de 23 500 tonnes. Il est donc indispensable, si l'on veut pouvoir attacher ces deux cuirassés à la base navale de Toulon, que l'approfondissement de la rade soit exécuté avant la fin de 1913.

A cette même époque, il n'existera dans le port de Toulon aucun bassin de radoub pouvant recevoir les deux cuirassés nommés plus haut, même si les travaux d'allongement et d'élargissement des formes 1 et 2 Missiessy sont terminés. Ces bassins auront 200 mètres de long et 26 m. 50 de large. « Théoriquement, dit M. Noël, dans son rapport sur le projet de loi relatif au programme naval, à cause de leur forme trapézoïde, ces bassins pourraient recevoir des *Jean-Bart*. Pratiquement, il ne resterait qu'un jeu de 70 centimètres de chaque bord; cela serait insuffisant. »

Il fait observer que « les bassins de 26 m. 50 qui conviennent pour les *Patrie*, sont trop justes pour les *Danton* qui ont 25 m. 80 de large » et doivent en tout cas être « réservés au service de ces deux escadres, des cuirassés plus anciens et des grands croiseurs. » Il en conclut qu'à la fin de 1913, il n'y aura « pour les besoins de la nouvelle flotte, rien à Toulon où se trouveront sans doute les deux *Jean-Bart* de 1910. »

En vue du *Jean-Bart* et des cuirassés de 25 000 tonnes en préparation, le programme naval prévoit la construction dans le port de Toulon, à Cartigueau, au sud de la Darse Vauban, de « deux bassins de radoub à double entrée. Les « deux écluses d'entrée Nord et Sud de chaque bassin auront au seuil la même largeur, égale à 36 mètres. » La longueur totale de chaque bassin sera de 442 mètres et « chaque bassin sera divisé en deux formes par une écluse centrale. » Chaque forme, longue de 210 mètres.

« Entre les deux bassins, ainsi qu'à l'Est et à l'Ouest des bassins, seront construits des terre-pleins bordés par les bajoyers des bassins et par des murs de quais. » On établira, « à l'Ouest des bassins, un môle de protection de 150 mètres enraciné sur le terreplein ouest et parallèle à l'axe des bassins. La largeur de ce môle au couronnement, sera de quatorze mètres. A l'extrémité du môle, le mur Est se retournera en demi-cercle de façon à constituer le musoir du môle qui sera pavé sur toute la surface.

D'après le marché passé avec les entrepreneurs des travaux, « les diverses formes de radoub formant, deux à deux, les bassins à double entrée, seront livrées complètement terminées et prêtes à servir », dans les délais suivants : la première forme Est dans le délai de 34 mois; la seconde forme Est, y compris le raccordement complet avec la première, dans un délai de 47 mois; la première forme Ouest dans un délai de 59 mois; la seconde forme Ouest, y compris le raccordement complet avec la première, dans un délai de 70 mois. L'ensemble de tous les autres travaux, dans un délai de 73 mois

Le marché a été passé avec les entrepreneurs le 15 septembre 1911; mais les travaux ne sont pas encore commencés. Ils ne tarderont pas à l'être. En admettant qu'ils soient tous exécutés dans les délais prévus, la première forme ne pourra être disponible qu'au mois d'août 1915, c'est-à-dire deux ans après la mise en service probable du *Jean-Bart* et du *Courbet*. Si ces navires entraient dans l'armée navale de la Méditerranée à la fin de 1912, il s'écoulerait deux années avant qu'il fut possible de les faire entrer dans un bassin de port de guerre français, car les grands bassins de Laninou à Brest, ne seront pas prêts avant la fin de 1915, celui du Homet, ne sera pas prêt avant 1914. Il n'existe actuellement, en France, qu'un seul bassin capable de recevoir les cuirassés du type *Jean-Bart*. Il se trouve à Saint-Nazaire et mesure 220 mètres de long avec 35 mètres de large.

La seconde grande forme de Castigneau ne pourra pas être terminée avant la fin de 1916, et les quatre ne pourront servir ensemble avant 1918.

La dépense totale qu'occasionnera la construction des deux bassins doubles de Castigneau est estimée 36 millions de francs.

Les autres travaux prévus à Toulon par le programme naval sont :

La construction de magasins à munitions et d'un port d'embarquement à Lagoubran, pour laquelle il est prévu un crédit total de 2 500 000 fr. à dépenser avant 1914.

La construction d'appontements à Milhaud avec un crédit de 2 500 000 fr. à dépenser en 1912 et 1913.

Et quelques autres travaux de minime importance.

En somme, ce n'est pas avant 1918 que Toulon pourra faire face par son outillage, à une partie des besoins les plus urgents de notre flotte; nous disons à une partie, car nous n'aurons, alors dans la Méditerranée que cinq formes de radoub capables de recevoir les cuirassés de 23 tonnes et au-dessus : quatre à Toulon, une à Bizerte.

Si, comme le demande une certaine école maritime, nous placions dans la Méditerranée tous les dreadnougths qui seront alors en service, c'est-à-dire probablement, les quatre *Jean-Bart* et les trois *Lorraine*, il serait impossible de les loger, de les ravitailler et de les réparer dans nos deux ports méditerranéens.
de les réparer dans nos deux ports méditerranéens.

Il est donc indispensable d'imprimer aux travaux d'outillage de Toulon et de Bizerte une activité beaucoup plus grande que celle prévue au programme naval du 30 mars 1912.

PORT DE BREST

A certains égards, la situation de l'outillage du port de Brest n'est guère meilleure que celle des outillages de Bizerte et de Toulon.

La rade abri n'est ni aussi vaste qu'il conviendrait qu'elle le fut en raison du rôle très considérable que Brest serait appelé à jouer dans une grande guerre maritime, qui aurait l'Atlantique pour théâtre, ni aussi protégée qu'elle devrait l'être. Il a été prévu au programme naval de 1910-12, un crédit de 1 800 000 fr. pour la fermeture de la rade-abri sur les Quatre-Pompes, mais le travail n'a pas encore été commencé, et l'on ne sait pas quand il le sera. On ne sait pas davantage quand la rade qui sera draguée et approfondie en vue de nos grands dreadnougths.

Une observation analogue s'applique aux travaux d'amélioration de la Penfeld. On sait que celle-ci n'est plus en harmonie avec les besoins des grands cuirassés et croiseurs-cuirassés modernes. Les mouvements de ces navires ne s'y font qu'avec difficulté, sous la menace incessante d'avaries qui, en raison de la nature rocheuse du fond et des bords, pourraient être fort graves.

Il avait été prévu autrefois un dérochement de certaines parties du lit de la Penfeld et de la rade-abri; mais ces travaux n'ont pas été exécutés ni dans l'une ni dans l'autre, et l'entreprise a été résiliée. On ignore si elle sera reprise.

On ne sait pas non plus s'il sera procédé à l'amélioration du cours de la Penfeld qui a, depuis fort longtemps, été réclamée afin d'y rendre plus facile la circulation du bâtiment d'une grande longueur.

Les bassins de radoub ne sont pas moins défectueux que la rade-abri et la Penfeld. Il n'en existe actuellement aucun qui puisse recevoir les cuirassés du type *Jean-Bart*. La forme n° 3, dite de Pontaniou, ne le pourra qu'après l'agrandissement projeté. Sa longueur, alors, sera de 175 mètres, et sa largeur de 28ᵐ24, dimensions sans contredit insuffisantes pour les *Jean-Bart* qui mesurent 166 mètres de long et 27 mètres de large.

La forme du port de commerce ne pourra pas non plus être utilisée pour les navires. Sa longueur atteint, il est vrai, 225 mètres, mais sa largeur n'est que de 26ᵐ50, inférieure, par conséquent, de 50 centimètres à celle des *Jean-Bart*.

L'agrandissement de la forme du Salou, inscrit au programme naval, ne sera pas achevé, d'après les prévisions, avant 1918. Aucun

crédit ne figure pour ce travail, dans les prévisions du programme
naval, avant 1916.

Deux autres bassins de radoub, de 200 mètres de long et 36
mètres de large sont prévus au programme naval avec un crédit de
16 400 000 fr., mais elles n'entreront pas en service avant 1916.

Il a été prévu encore, comme travaux à exécuter dans le port de
Brest, la construction de magasins pour les munitions et d'un port
d'embarquement pour les poudres et projectiles à St-Nicolas.

En résumé, la situation actuelle du port de Brest est la même
que celle des ports de Bizerte et de Toulon. Aucun de ces ports n'est
outillé en vue des cuirassés de ligne que nous avons actuellement
sur les chantiers. Si ceux que l'on achève ou que l'on construit, en
ce moment à Brest, subissaient un accident, il serait impossible de
les faire passer au bassin; et il en sera ainsi jusqu'en 1917.

Si, avant cette époque, une guerre maritime survenait qui nous
obligeât à envoyer une partie de nos escadres cuirassés dans le Nord,
nous ne pourrions attacher à la base navale de Brest que l'escadre
des *Patrie*, c'est-à-dire la plus ancienne et la moins forte parce qu'elle
est la seule qui pourrait être mise en bassin dans ce port. Aux unités
navales les plus puissantes de la Triplice, nous ne pourrions oppo-
ser que les unités les plus faibles de la flotte française.

PORT DE CHERBOURG

Le port de Cherbourg, actuellement, ne pourrait pas plus que
ceux de Bizerte, Toulon et Brest, servir de point d'attache aux
grands navires modernes, car il ne possède aucun bassin de radoub
pour ces navires.

Le programme de 1910-12 a prévu, pour corriger ce grave défaut,
l'agrandissement de l'une des anciennes formes et la construction
d'une nouvelle forme de grandes dimensions.

La forme ancienne, n° 5, construite dans l'arsenal militaire, doit
être agrandie à 200 mètres de long et 29 m. 10 de large. Elle pourra
recevoir les *Patrie* et les *Danton*, mais elle serait probablement trop
juste pour les *Jean-Bart*. Elle doit être terminée à la fin de 1912.

En vue des cuirassés les plus modernes, le programme de 1910-12
prévoit la construction près du plateau rocheux du Homet, d'un
avant-port et d'une forme de radoub.

L'avant-port est constitué par une jetée appuyée sur le plateau
du Homet et limitant une petite rade dans la grande rade de Cherbourg. Cette jetée comprend une branche principale qui part de
l'angle nord-est d'un terre-plein, construit en avant du Homet et

en emprise sur la rade. A partir de l'angle nord-est de ce terrain plein, la branche principale de la jetée se dirige en travers de la rade, parallèlement à la partie est de la grande digue du large sur une longueur de 685 mètres. De son extrémité part une branche de retour, inclinée de 45° vers le sud et longue de 310 mètres. Derrière les jetées, les plus grands navires trouveront un abri sûr.

Sur les terrepleins établis autour du Homet et à l'abri de la jetée dont nous venons de parler, il est prévu la construction d'une forme de radoub qui aura 250 mètres de long et 36 mètres de large. Elle pourra, par conséquent, servir aux plus grandes unités navales; mais elle ne sera prête qu'à la fin de 1914.

PORT DE LORIENT

Le port de Lorient est l'objet de deux sortes de travaux ayant pour objet de le rendre praticable aux grands cuirassés, à la construction desquels il contribue.

D'une part, on drague la rade pour lui permettre d'abriter quelques navires; et on doit creuser dans l'arsenal, en vertu du programme de 1910-12, une forme de radoub qui aura 210 mètres de long et 36 mètres de large. Elle ne sera prête à servir qu'en 1918. Si, avant cette époque, il survenait un accident à l'un des cuirassés que l'on construit à Lorient, on serait fort embarrassé.

PORT DE ROCHEFORT

Le port actuel de Rochefort, sur la Charente, ne peut pas recevoir les grands navires modernes de guerre, à cause de l'insuffisance de profondeur de la rivière; mais il convient admirablement aux croiseurs protégés et aux navires des stations coloniales.En raison des travaux de construction ou de réparation et d'entretien qui se font dans tous les autres ports, pour la flotte moderne, il conviendrait de réserver à Rochefort tout ce qui concerne les navires de second ordre susceptibles de remonter la Charente. Son arsenal conviendrait aussi pour la construction des éclaireurs rapides de 4 000 à 5 000 tonnes dont notre flotte est entièrement dépourvue et dont la nécessité est révélée par toutes les manœuvres navales.

Quant au port de commerce de Rochefort, et à celui de Tonnay-Charente, qui en est proche, ils reçoivent facilement les bâtiments de 3 à 5 000 tonnes et pourraient en recevoir un nombre beaucoup plus considérable s'ils étaient bien outillés. Grâce à la navigabilité de la Charente, et à sa pénétration à travers un pays très riche, le port de commerce de Rochefort serait en situation de jouer un rôle considérable dans les relations de la France avec les Amériques et, plus tard, avec l'Extrème-Orient, lorsque le canal de Panama aura été ouvert, mais il faudrait pour cela que la ville de Rochefort fut mise en relation avec les rades de la Charente.

Le problème se pose de la même façon, au point de vue de la marine de guerre, car les rades de la Charente sont les plus vastes et les plus sûres de tout notre littoral de l'Atlantique.

Protégéès contre les vents du large par les îles d'Oléron et de Ré, sur lesquelles il serait facile d'installer des batteries pour en rendre l'approche impossible à l'ennemi flottant, ces rades peuvent recevoir une flotte entière. Il suffirait d'y organiser des appontements au bord de la Fosse d'Enet pour qu'on y pût ravitailler avec rapidité les bâtiments modernes les plus grands. Si le plateau d'Enet lui-même était relié à Rochefort par une voie ferrée, les bâtiments auraient à leur disposition, dans les rades de la Charente, toutes les ressources de l'arsenal et de la ville de Rochefort, car elles ne seraient qu'à trente minutes de cette dernière.

L'avenir de Rochefort, tant au point de vue militaire qu'au point de vue commercial, n'est donc plus dans son vieux port, mais dans l'organisation des rades de la Charente. La municipalité actuelle de la ville de Rochefort s'en est rendue compte et a pris, en 1911, une décision par laquelle la ville s'engage à participer aux dépenses, que nécesisteraien tles travaux nécessaires, pour mettre les rades en relations avec le port de commerce et l'arsenal, et pour organiser les rades elles-mêmes, en vue de la réception des bâtiments et de leur ravitaillement, de leur chargement ou déchargement, etc

En attendant que les conditions deviennent assez favorables pour que la question puisse être discutée avec l'Etat, la municipalité de Rochefort a prié M. Hersent d'étudier un avant-projet des travaux.

Ceux-ci comprennent :

La construction d'une voie ferrée longue de 1 600 mètres, par laquelle le plateau d'Enet serait relié à la station de la Fumée;

La mise en état du plateau d'Enet pour qu'il puisse recevoir des voies ferrées, des magasins, etc.

La construction d'appontements sur les bords de la Fosse d'Enet pour l'accostage des navires et la création de l'outillage nécessaire pour une exécution rapide des chargements et des déchargements.

D'après les études faites par M. M. Hersent, la voie ferrée entre la Pointe de la Fumée et le fort d'Enet serait établie sur une jetée en béton armé à claire-voie, de façon à éviter le colmatage de la baie dans laquelle se trouve le port de Fouras. La plate-forme de cette jetée aurait une largeur de 6m60, suffisante pour l'établissement d'une voie ferrée; elle reposerait sur des paliers en béton armé et sur des piles de maçonnerie.

Le terre-plein du plateau d'Enet serait établi de manière à porter les voies de garage et les emplacements nécessaires pour l'établissement d'un parc à charbon et d'une citerne.

L'appontement à construire en avant du plateau et sur le bord de la Fosse d'Enet a été prévu pour l'accostage de six navires de 175 mètres de long et leur ravitaillement en eau calme, à l'abri de l'ennemi

Cet appontement serait pourvu de trois voies ferrées, celle du centre, à cheval sur une voie spéciale, permettrait la circulation de grues à portique de 15 mètres de portée, desservant les navires accostés aux deux côtés de l'appontement.

La direction de l'appontement étant parallèle à l'axe longitudinal de la Fosse d'Enet, les navires accostés ne se présenteraient jamais par le travers du courant général qui parcour la fosse. On estime donc qu'il ne serait pas nécessaire d'établir de protection spéciale pour le mouillage. Mais, s'il y avait lieu, on aurait recours à des brise-lames à claire-voie, analogues à ceux du port des barques de pêche de l'île d'Aix.

L'auteur des plans fait observer que la disposition d'ensemble de l'appontement, décrite ci-dessus, se prête mieux aux raccordements des voies ferrées des appontements avec celle du terre-plein que la disposition qui consisterait à implanter plusieurs môles sur un tronc commun.

Au pied des appontements, les fonds de mouillage seraient dragués soit à la côte (— 7m00) comme il a été prévu dans une note du Conseil municipal, soit à une profondeur plus grande, si on la jugeait nécessaire, car le travail est facile en raison de la nature du fond qui est vaseux et sableux.

On pourrait ainsi, très facilement, draguer les fonds aux abords de la fosse, de manière à faciliter la manœuvre des grands navires.

D'après les devis établis par M. M. Hersent, l'ensemble des travaux indiqués plus haut, ne coûterait pas plus de huit millions de francs en chiffres ronds.

La dépense serait, à coup sûr, minime en comparaison des résultats que donneraient les travaux, tant au point de vue de la navigation commerciale que de la flotte de guerre.

Cette dernière trouverait dans les rades de la Charente, un point d'attache aussi sûr que possible lorsqu'il aura été protégé, et d'autant plus utile qu'il aurait un arsenal à sa disposition. Il serait même très facile d'établir à l'abri du plateau d'Enet toutes les installations nécessaires pour les flottilles de contre-torpilleurs et de torpilleurs et un dock flottant pour la réparation des navires ne pouvant pas remonter la Charente.

Quant à la navigation commerciale, elle trouverait dans les rades des Trousses, le port le plus facilement accessible de tout notre littoral de l'Atlantique et le mieux placé, sans contredit, en vue de la pénétration des marchandises jusqu'au cœur de la France.

Il est vraiment incompréhensible que ces avantages n'aient pas frappé plus tôt l'attention des pouvoirs locaux et de l'Etat.

PORT DE LA PALLICE

Le port de La Pallice, situé à cinq kilomètres de La Rochelle, dans la baie qui limite la côte de la Charente-Inférieure et l'extrémité nord de l'île de Ré, a été construit en vertu d'une loi de 1880, consécutive au projet de M. Bouquet de la Grye.

Il se compose d'un avant-port à peu près trapézoïdal, dont la surface atteint 13 hectares, et d'un bassin quadrangulaire, offrant 1 600 mètres de quai, avec une surface de 25 hectares.

L'avant-port et le bassin sont reliés l'un à l'autre par une écluse à sas, longue de 175 mètres et large de 22 mètres. L'ouverture entre les deux jetées de l'avant-port est large de 90 mètres. Deux formes de radoub peuvent servir à la réparation des navires de petites et de moyennes dimensions. L'une a 175 mètres de longueur et 22 mètres de largeur; l'autre est longue de 110 mètres et large de 14 mètres.

Dans le but de faciliter l'accès du port aux navires de commerce de grandes dimensions et pour qu'il ne puisse recevoir simultanément un nombre plus considérable, il a été dressé divers projets d'agrandissement du port de *La Pallice*.

Le premier de ces projets, établi en 1908, comportait le creusement, au nord de l'avant-port actuel, d'un autre avant-port plus grand que ce dernier, conduisant par une écluse à sas dans un bassin de très grandes dimensions, étendu parallèlement à la côte que l'on aurait transformée en terre-plein sur une largeur de 200 mètres. Deux grandes formes de radoub auraient été creusées dans ce terre-plein. Le long de l'axe des quais de l'avant-port, on aurait creusé une souille, à douze mètres de profondeur, pour l'accostage des plus grands navires.

Le port de La Pallice aurait pu ainsi devenir un port à escales pour les grands paquebots de l'Atlantique et même du Pacifique après l'ouverture du canal de Panama.

Après avoir dressé ce très ample projet, la ville et le gouvernement reculèrent devant la dépense qu'il occasionnerait et qui aurait, sans nul doute, atteint une centaine de millions.

On s'arrêta tout d'abord à l'idée de construire, en avant de l'avant-port actuel un autre avant-port plus grand, dont la jetée sud prolongerait de 450 mètres, vers les grands fonds, la jetée actuelle. L'ouverture du nouvel avant port aurait été de 150 mètres. La jetée sud aurait été assez large pour servir de quai de débarquement et d'embarquement à l'usage des grands paquebots faisant escale à La Pallice. Mais, une seconde fois, on recula devant la dépense qu'occasionnerait ce projet.

On s'est enfin arrêté à une combinaison beaucoup plus simple : L'avant-port actuel sera approfondi à 7^m., avec une souille de 10^m. le long des deux jetées qui seront élargies de manière à recevoir des voies ferrées.

L'entrée de l'avant-port sera élargi par rescindement de l'extrémité de la jetée nord jusqu'à 130 mètres. En vue de la protection de cette entrée élargie, il sera construit, en avant des jetées, un môle en dedans duquel des souilles de —10^m. et de —12^m. seront creusées de manière à permettre l'accostage des grands paquebots qui feraient escale à La Pallice. Le môle serait établi de façon à former un quai de débarquement.

La dépense occasionnée par ces travaux est évaluée à 22 millions 800 mille francs, dont l'Etat prendrait la moitié à sa charge. L'autre serait payée par la ville et la Chambre de Commerce.